“三棵菜”安全生产系列

韭菜常见病虫害诊断与防控技术手册

史彩华　陈　敏　吴青君　主编

中国农业出版社
北　京

内容简介

本书主要介绍了韭菜常见病虫害的诊断与防控措施，根据病害和害虫的危害特点，从发生与分布、寄主范围、危害症状、田间流行规律，以及防控技术等方面进行叙述，力求内容准确精炼、方法可操作性强。全书分为三部分，第一部分介绍了韭菜的两种常见病害（灰霉病和疫病）；第二部分介绍了韭菜的6种常见害虫（韭菜迟眼蕈蚊、葱蓟马、葱须鳞蛾、蚜虫、韭萤叶甲和葱黄寡毛跳甲）；第三部分介绍了韭菜健康栽培管理与病虫害全程绿色防控技术方案。

本书可作为农业技术推广部门、种植户、专业合作社、研究人员等在韭菜生产与研究相关领域的参考著作。

编写人员名单

主　编：史彩华　陈　敏　吴青君

副主编：刘　峰　胡　彬　李天娇　胡静荣

参　编：杨玉婷　苏　奇　朱晓明　代月星
　　　　谢　文

前言

OREWORD

餐桌上的“放心菜”是人民日常生活最基本的需求。蔬菜的安全生产关系到人民群众的身体健康和生活质量，是“民以食为天”的大事。目前，农产品质量安全备受关注，人们都迫切希望“放心菜”时代的到来。蔬菜生产过程中病虫害的高效绿色防控，是确保“放心菜”的重要途径之一。

韭菜既可食用也可药用，是一种经济价值较高的特色蔬菜。《本草纲目》记载韭菜乃菜中最有益者。然而，韭菜生产中面临的病虫害较多，菜农们在防治病虫害时盲目用药，也一度给韭菜冠以了“毒韭菜”的“头衔”，让人们谈“韭”色变。为推动解决韭菜病虫害防控中的突出问题，提升科学化管理水平，笔者组织编写了《韭菜常见病虫害诊断与防控技术手册》一书。本书详细讲解了韭菜常见病虫害的生物及生态学特征、发生流行规律、危害症状，以及高效绿色防控技术等，为保障韭菜生产安全和农产品质量安全提供了科学指引。

本书由史彩华、陈敏和吴青君主编，刘峰、胡彬、李天娇和胡静荣副主编，杨玉婷、苏奇、朱晓明、代月星、谢文等参编。书中不少内容是编写者的实践经验总结。在此，感谢各位编写人员的辛勤付出。同时感谢中国农业出版社阎莎莎编辑在本书编辑、出版过程中给予的指导。感谢农业农村部种植业管理司、全国农业技术推广服务中心、中国农业科学院蔬菜花卉研究所和长江大学等单位的大力支持。

由于病虫害的发生与环境因子息息相关，不同地域的气候、韭菜种植模式和管理方式不尽相同，导致病虫害的发生规律与防治手段也不尽相同。本书受韭菜品种、不同栽种模式和管理措施等多方面的局限，存在不足在所难免，敬请相关专家和同行批评指正。同时也希望经验丰富的韭菜种植户提供宝贵建议。

编　者

2022年1月于湖北荆州

目录

CONTENTS

第三部分

—— 韭菜健康栽培与病虫害全程绿色防控技术方案 ——

第一部分

韭菜常见病害

第一节　韭菜灰霉病

韭菜灰霉病又称白斑叶枯病、白点病。该病在我国普遍发生，主要危害葱蒜类蔬菜，如韭菜、大葱、蒜等。

1.病原菌特征

韭菜灰霉病属于真菌性病害，病原菌是子囊菌门盘菌亚门的葱鳞葡萄孢菌（*Botrytinia squamosa* J.C.Walker）。该菌菌丝体呈现无色透明并侧向分枝，菌丝体内有横隔膜，气生菌丝较少，边缘呈放射状。菌落由许多菌丝体组成，初白色，后期变为灰色，呈棉絮状。菌丝体不断分化并紧密交织在一起形成坚硬的菌核。菌核的直径范围为1.0 ~ 2.0毫米，初期呈现白色菌丝团，随后逐渐变成黑色。一般2 ~ 4个菌核生长在一起，呈长圆形或肾形。菌丝能够生长的最低温度为0℃，最适宜的生长温度范围为15 ~ 25℃，能够耐受的最高生长温度为30℃。

韭菜灰霉病病原菌的菌丝和菌落

韭菜灰霉病的病原菌依靠分生孢子繁殖。在低温生长环境下，菌丝体容易分化形成分生孢子梗。分生孢子梗宽10 ~ 15微米，呈现暗褐色，有节或疣，梗基部较宽，向上2/3的高度处开始分枝，分枝处明显缢缩。分生孢子长在梗的顶端，呈卵圆形至长卵形。孢子脱落后，孢子梗干缩，形成皱折后也脱落，在菌丝体主枝上留下明显的疤痕。

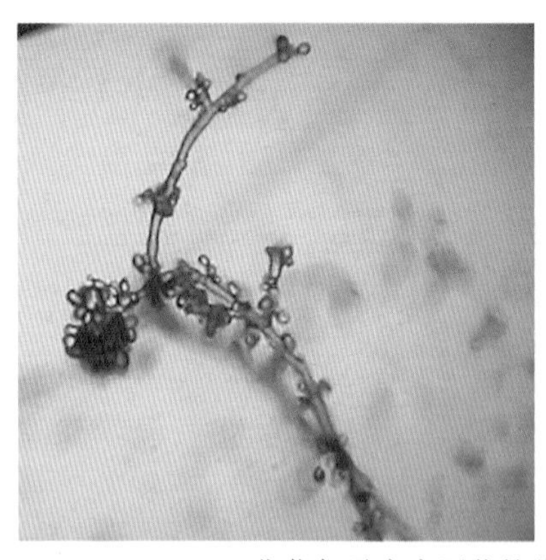
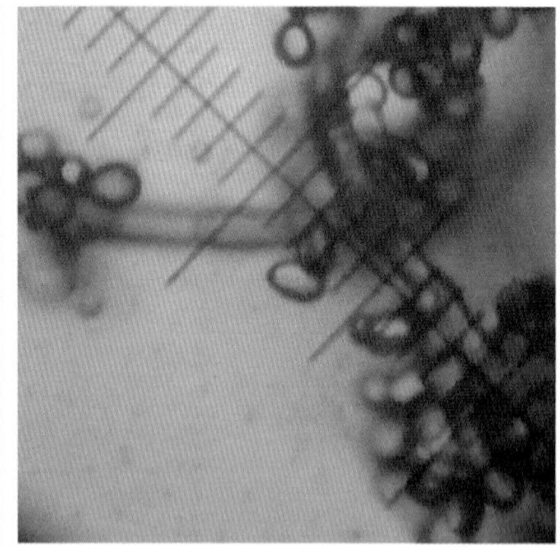

韭菜灰霉病病原菌的分生孢子梗和分生孢子

2.危害症状

韭菜灰霉病主要侵染展开的叶片。发病时，叶片受损严重，根据其症状主要分为白点型、干尖型和湿腐型等3种类型。

白点型 当韭菜叶部发病时，病叶的正、反两面都会出现浅褐色或白色小点，从叶尖向下逐渐扩大发展，然后呈现梭形或椭圆形病斑。随着病症的不断发展，病斑后期逐渐连片，造成叶片卷曲或枯萎。空气湿度较大时，病斑表面会呈现稀疏的霉层。

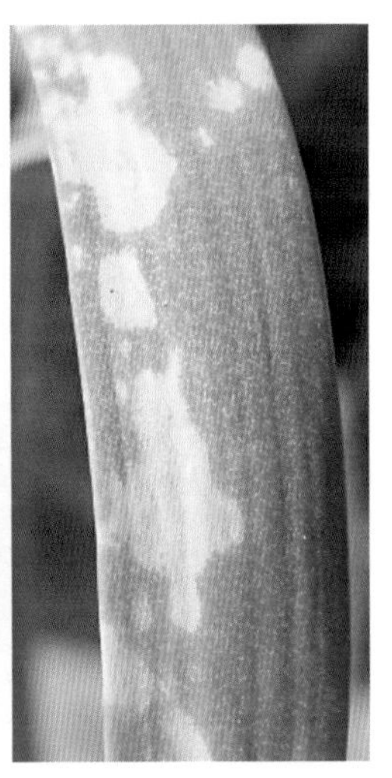

韭菜灰霉病症状（白点型）

干尖型 韭菜收割时或收割后，病原菌从收割的刀口侵入，造成叶部发病。初侵染时，叶片上呈现水渍状的病斑，随后发展为淡绿色至淡灰褐色，并且逐渐向韭菜叶基部发展，形成半圆形或V形病斑。发病后期，病斑表面呈现灰色或绿色绒毛状的霉层。

韭菜灰霉病症状（干尖型）

湿腐型 病斑在田间及采收后的韭菜植株上继续扩展，叶片腐烂并呈深绿色，病菌在扎成捆的储运韭菜上传染速度加快，随后散发霉烂气味甚至整捆腐烂。

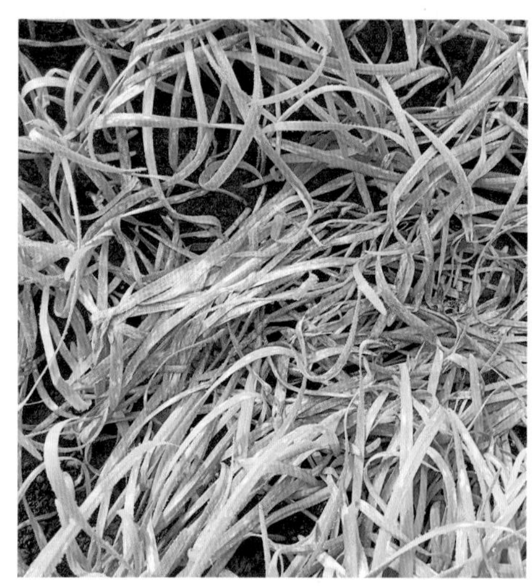

韭菜灰霉病症状（湿腐型）

3.田间流行规律

韭菜灰霉病主要靠病菌的分生孢子传播。田间病株和病残体上的分生孢子可随气流以及散落在土壤中随灌溉等农事操作在当茬和后茬韭菜上传播扩散至再侵染发病，导致更大面积的韭菜受害。韭菜灰霉病病原菌主要以菌核形式随韭菜病残体在土壤中越冬，翌年春季产生分生孢子，借助气流传播。在我国北方，每年1—2月是灰霉病发生的盛期。

灰霉病属低温高湿性病害，但发病温度范围较广。通常5～30℃均可发病，但15～20℃是最适发病温度。在保护地，相对湿度较大的叶片结露环境会加速病菌的繁殖和蔓延。通常环境相对湿度大于70%容易发病，而低于60%时发病轻或

高湿易结露的韭菜棚内病害发生严重

高湿易结露的韭菜棚内病害发生严重

不发病。在菌源充足的条件下，棚内低温、高湿、寡照是韭菜灰霉病发生的重要条件。浇水多，湿度大，偏施氮肥，阴雨天光照不足，排水不良，极易引起灰霉病大发生。开始时零星发生，病斑由叶尖向下逐渐扩展，严重时可蔓延至整棚韭菜。

4.防控技术

(1) **农业防治**：通过轮作、选用抗病品种、加强肥水管理培育壮苗、适时通风降温降湿改善环境小气候、保证田园清洁卫生等农艺措施减少韭菜灰霉病的发生。

①轮作：种植韭菜的田块尽量不要连作。选择3年及以上

未种植葱蒜类蔬菜的田块进行育苗或移栽。

②选用抗性品种：选用对韭菜灰霉病抗性较强的品种，有利于延缓或者减轻病害的发生，是一种经济、安全、高效的防病手段。目前，在生产上可以选择直立性强、叶色深、蜡粉较厚的品种，一般抗病性相对较强，如久星16、久星18、平丰8号、韭宝、绿宝、棚宝、航研998等。

③加强肥水管理培育壮苗：韭菜种植前苗床要施足基肥，苗期要及时浇水，促进韭菜快速健康生长。定植田块也要施足基肥，多施有机肥，控制定植密度，适当稀植，定植后浇足底水，生长期适量追肥，注意不可偏施氮肥。同时，尽量减少韭菜的收割次数。夏季注重抗旱养根。韭菜生产中根据墒情补水时尽量小水浇灌。保护地扣棚后浇足底水，浇水后要适当通风，保持土壤疏松干燥，保证棚内不结露珠。

④适时通风降温降湿改善环境小气候：保护地韭菜注意合理放风降低湿度，减少结露，注意缩短高湿和结露的持续时间。应根据韭菜长势和外界温度控制通风的时间。如果韭菜长势弱小，或者外界温度较低，通风时间不能太长，而且通风口打开的时间尽量选在外界温度较高时，最好打开天窗通风，防止"扫地风"引起棚内急剧降温产生冻害。

⑤保证田园清洁卫生：病原菌以菌核或分生孢子在韭菜残渣落叶上附着越冬或越夏。因此，清洁田园是减少后茬韭菜发病的关键措施。而且，枯株黄叶和病残体应收集后及时带出田外，并尽快采取隔离措施集中销毁或沤肥，减少田间的病菌基数。

棚内未清理干净的韭菜病残体是下茬韭菜的侵染源

(2) 生物防治：随水冲施10亿孢子/克木霉菌可湿性粉剂，每亩*施用0.5～1.0千克；或喷施100亿孢子/克枯草芽孢杆菌超细可湿性粉剂，每亩喷施100～200克。除了韭菜田块，连同

* 亩为非法定计量单位，15亩=1公顷。全书同。

田块周边的畦垄也要均匀喷雾。

保护地在扣棚前，采用上述生物药剂进行田面和畦垄处理，待1 ~ 2天地面无明显水膜后再扣棚。扣棚后，待韭菜株高达5厘米左右时，选择阴天或晴天的下午，用精量电动弥粉机喷施

弥粉机喷粉防控韭菜病害（小拱棚）

弥粉机喷粉防控韭菜病害（温室）

枯草芽孢杆菌粉剂（含量大于100亿孢子/克，微粉细度800目），每亩喷施100 ~ 200克。喷粉结束后，紧闭风口或门室，8小时内禁止人员进入棚室生产作业。

（3）科学用药：

①药剂选择：具体用药方式及用药量见下表。

药剂名称	制剂用量	用药方式
40%嘧霉胺悬浮剂	50 ~ 75毫升/亩	喷雾
50%腐霉利可湿性粉剂	40 ~ 60克/亩	喷雾
15%腐霉利烟剂	250 ~ 350克/亩	点燃放烟
45%异菌脲悬浮剂	80 ~ 120毫升/亩	喷雾
30%啶酰菌胺悬浮剂	50 ~ 83毫升/亩	喷雾
40%嘧霉·多菌灵悬浮剂	75 ~ 93毫升/亩	喷雾
15%异菌·百菌清烟剂	250 ~ 300克/亩	点燃放烟
25%腐霉·百菌清烟剂	200 ~ 250克/亩	点燃放烟

②施药方法：

喷雾施药：韭菜收割后3 ~ 4天，待伤口愈合后，选用腐霉利、嘧霉胺等，按标签说明剂量及时进行喷雾防治，可适当加配有机硅或橙皮精油助剂。

烟剂施药：韭菜收割后3 ~ 4天，待伤口愈合后，选择发病前期或初期的某个傍晚，采用15%腐霉利烟剂250 ~ 350克/亩闭棚熏蒸。为了确保用药均匀，烟剂在棚室内应该分散放置。

③注意事项：若灰霉病发生晚，接近韭菜收获期，建议尽快收获；若发生早，且偏重，可药剂防治后放弃该茬，待其达到25天以上后，留高茬收割（结合培土），为下茬留产量。

第二节 韭菜疫病

韭菜疫病在我国普遍发生，主要危害葱蒜类蔬菜，如韭菜、大葱、蒜等。

1.病原菌特征

韭菜疫病的病原菌是烟草疫霉（*Phytophthora nicotianae* Breda de Hann），属卵菌门卵菌纲疫霉属。该菌菌丝白色，有少量球状膨大体，侧向有分枝，分枝基部稍窄，菌丝无横隔膜。孢子囊生长在菌丝体的顶端，呈长圆形、倒梨形或卵圆形。孢子囊成熟后脱落，顶端呈现明显的乳状突起，萌发后可以产生大量的厚垣孢子。厚垣孢子是无性孢子，壁厚、寿命长，呈现微黄色的圆球形，具有休眠特性，能够抵抗外界不良环境。外界环境适宜时，厚垣孢子可以萌发，重新长出菌丝再次侵染寄主。

2.危害症状

韭菜疫病除了侵染叶片，也能侵染茎、根和韭薹等部位，尤其以假茎和鳞茎受害最为严重。通常从中下部的叶片开始发病，韭菜叶片受害后，初期呈现暗绿色水渍状病斑且病部缢缩，当病斑扩展到叶片的1/2时，整片叶发黄，甚至枯萎。当环境湿度较大时，病斑软腐，形成灰白色的霉状物。韭菜疫病侵染韭菜不同部位，形成不同病症，具体如下：

韭菜疫病侵染韭菜的叶鞘或假茎，使其呈现浅褐色的水渍状病斑。叶鞘腐烂，容易剥离或脱落。剥去腐烂的叶鞘后，在假茎上可以看到稀疏的灰白色霉层，即病原菌的孢囊梗和孢子囊。

韭菜疫病症状

韭菜疫病侵染韭菜鳞茎，使其呈现浅褐至暗褐色的水渍状病斑并腐烂。解剖腐烂的鳞茎，可以看到鳞茎内部组织呈现浅褐色。发病的鳞茎生长受到抑制，影响其养分贮存，导致后期韭菜生长不够粗壮。

韭菜疫病侵染韭菜根部，使其呈现褐色，而且容易腐烂。同时，根部的根毛明显减少，影响水分吸收，缩短根的寿命，甚至少发新根。

3.田间流行规律

韭菜疫病主要靠烟草疫霉的孢子囊和游动孢子传播蔓延，一般发生在韭菜成株期。发病的韭菜在采收时，烟草疫霉菌的菌丝体、卵孢子及厚垣孢子附着在韭菜病残体上，成为后茬韭菜发病的病源，后期借助风雨或灌溉传播蔓延。病原菌主要以菌丝体、卵孢子及厚垣孢子随韭菜病残体在土壤中越冬，翌年气候条件适宜时开始萌发，并以芽管的形式侵入寄主表皮。韭菜发病后，如果环境湿度较大，病原菌将在病部继续产生孢子囊进行再侵染。

在我国北方，韭菜疫病每年初次发病的时间普遍在6月下旬或7月上旬，7月下旬进入发病盛期，8月上旬病情达到高峰。随着时间的推移，10月的温度和湿度都逐渐降低，韭菜疫病也逐渐减轻。通常情况下，夏季高温多雨（或高湿）、植株茂密徒长、倒伏、连作、偏施氮肥的田块发病较重，尤其是田间郁闭且有积水的田块发病更加严重。韭菜疫病发病的最适温度为25～32℃，最适相对湿度90%以上。长江中下游地区韭菜疫病主要发生在5—9月。

4.防控技术

（1）**农业防治**：通过轮作、选用抗病品种、加强肥水管理培育壮苗、适时通风降温降湿改善环境小气候、重视田园清洁卫生等农艺措施减少韭菜疫病的发生。

①轮作：新种植韭菜的田块不要与老韭菜田块连作。选择3年及以上未种植葱蒜类蔬菜的田块进行韭菜育苗或移栽。

②选用抗性品种：选用对韭菜疫病抗性较强的品种，有利于减少病害的发生。生产上可以选择久星16、久星25、平韭2号、平韭4号、航研998等。

③加强肥水管理：韭菜田要施足基肥，多施有机肥，适量增施磷、钾肥，增强抗病抗逆能力。定植苗应选栽壮苗，剔除病苗。定植后浇足底水，生长期适量追肥。同时，尽量减少韭

夏季养根防止韭菜倒伏

菜的收割次数，收割后要及时追肥。夏季控制灌水，注重养根，促进健苗。韭菜生产中根据墒情补水时尽量小水浇灌，防止淹水、积水和串灌。

④保持田园清洁：韭菜病残体是传播韭菜疫病的主要病源。因此，清洁田园是减少后茬韭菜发病的关键措施。应及时清除病黄老叶和杂草，提高通风透光能力。对病残体及杂草等要集中深埋或销毁，废旧棚膜高温密闭堆沤进行无害化处理。

⑤束叶防倒措施：入夏降雨前应摘去下层黄叶，将绿叶向上拢起，用草把松松捆扎，或者采用支架等防倒措施，避免韭叶接触地面，使植株之间通风，减轻病害发生。

（2）生物防治：随水冲施10亿孢子/克木霉菌可湿性粉剂，每亩施用0.5～1.0千克；或喷施100亿孢子/克枯草芽孢杆菌超细可湿性粉剂，每亩喷施100～200克。除了韭菜田块，连同田块周边的畦垄也要均匀喷雾。

（3）科学用药：

①药剂选择：发病初期，用72%霜脲·锰锌可湿性粉剂600～800倍液，或64%杀毒矾可湿性粉剂600倍液，或72%霜霉威水剂800倍液，或60%琥铜·乙膦铝可湿性粉剂600倍液喷雾，间隔10天再喷1次，连喷2～3次。也可用上述药剂加大剂量灌根，连灌2～3次。每次韭菜收割后可选择40%烯酰吗啉悬浮剂对田块表面进行喷雾处理。

②注意事项：发病前预防和发病初期防治相结合。韭菜生长后期发病，应该及时收割。注意不同作用机理的药剂交替使用。

第二部分

韭菜常见虫害

第一节　韭菜迟眼蕈蚊

韭菜迟眼蕈蚊（*Bradysia odoriphaga* Yang and Zhang）（俗称韭蛆，下文称韭蛆）属双翅目眼蕈蚊科迟眼蕈蚊属，可危害韭菜、大葱、洋葱等7科30多种蔬菜、瓜果和食用菌，尤其喜欢危害百合科的韭菜。该虫主要分布在我国北方，如北京、天津、河北、山东、辽宁、甘肃、内蒙古、黑龙江等地，南方气温阴凉的地区也时有发生。

1.形态特征

韭菜迟眼蕈蚊是全变态昆虫，一生经历4个虫态（成虫、卵、幼虫和蛹）。成虫体长2～5.5毫米，体背黑色或黑褐色，雄虫比雌虫略瘦小。触角呈丝状，头部较小，胸部隆起，足细长。雌虫的腹部粗大，末端细而尖，有两节尾须。

韭菜迟眼蕈蚊雌成虫

韭菜迟眼蕈蚊雄成虫

卵呈椭圆形，长约0.2毫米。雌成虫通常将卵产在韭菜根部附近的土缝或韭菜叶鞘内，卵一般堆产，少量散产。卵初产时呈现乳白色，随后逐渐变为米黄色。孵化前出现小黑点。

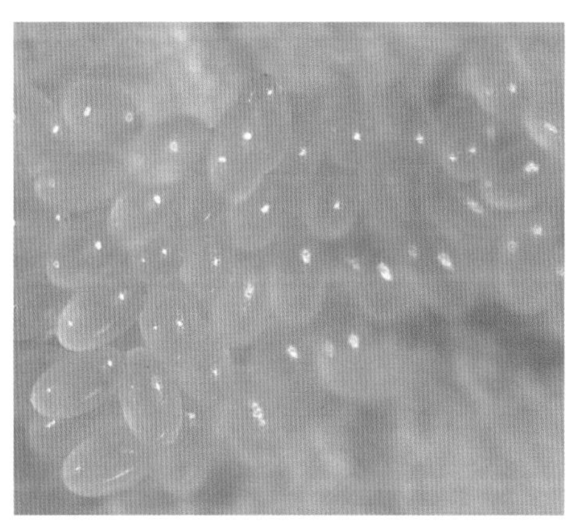
韭菜迟眼蕈蚊卵

幼虫体长1 ~ 9毫米，较细，头部漆黑色，具有光泽，体壁黄白色，光滑半透明且无足。

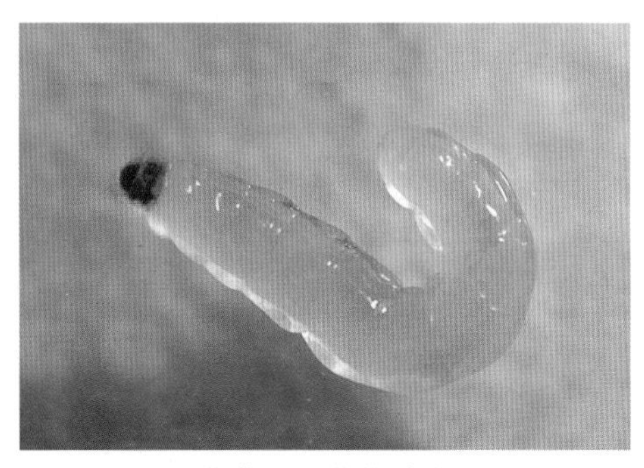
韭菜迟眼蕈蚊幼虫

蛹长2.7 ~ 4.0毫米，呈椭圆形，裸蛹。初蛹呈黄白色，后期逐渐变成黄褐色，羽化前变成灰黑色。

韭菜迟眼蕈蚊蛹

2.危害症状

韭蛆主要危害韭菜的假茎、鳞茎和根茎等部位，导致根部腐烂，叶部发黄，或阻碍新叶萌发，严重时甚至根死苗亡，毁种绝收。

韭蛆危害影响韭菜新叶萌发

韭蛆危害致韭菜叶部发黄

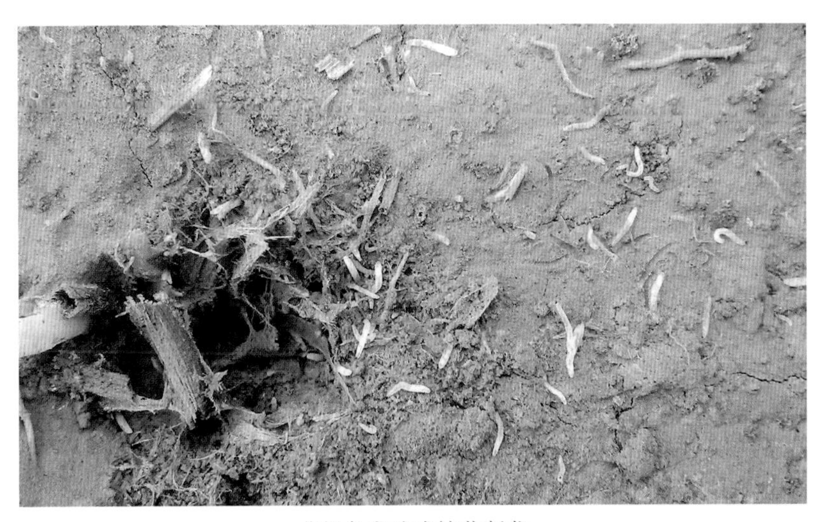

韭蛆危害造成缺苗断垄

韭蛆危害致韭菜叶部发黄或死亡（郑建秋 摄）

韭蛆危害鳞茎

韭蛆危害根部

3.发生规律与习性

韭蛆每年发生3～6代。在露地，韭蛆以老熟幼虫在韭菜附近的土壤中、鳞茎或根茎内越冬。保护地的韭蛆不越冬，可以周年发生危害。高温干旱的气候不利于韭蛆种群增长。在夏季，韭蛆以幼虫藏匿在韭菜根茎、鳞茎或假茎内越夏。春、秋两季是韭蛆危害高峰期。其中，3月底至4月上中旬是韭蛆成虫羽化并产卵繁殖的高峰期；10月底至11月是韭蛆成虫羽化并产卵繁殖的又一次高峰期。

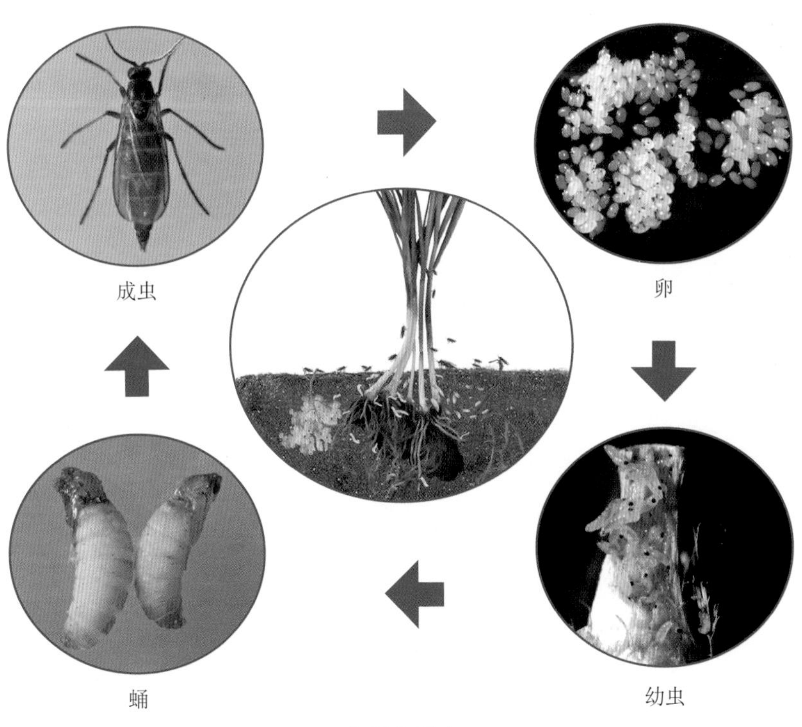

韭蛆生活史

韭蛆的繁殖量较大、世代重叠现象严重、世代周期较短，具有喜湿、趋黑和不耐高温等特性。韭蛆的最适发育温度为20 ~ 25℃，最适土壤含水量为20% ~ 24%。通常情况下，韭蛆的成虫期为2 ~ 5天，卵期为3 ~ 7天，幼虫期为15 ~ 18天，蛹期为3 ~ 7天。韭蛆成虫羽化后并不取食，但可以适当补充水分，待翅舒展后即刻寻找异性交配。雄虫一生可以交配多次，雌虫一生只接受一次交配。每头雌虫平均产卵100粒左右。成虫的平均水平飞行距离约100米。多数成虫喜欢在地面爬行或跳跃。成虫喜欢将卵产在土缝或韭菜植株基部的隐蔽场所。当外界环境温度达到37℃且持续2小时以上时，卵无法孵化。幼虫有吐丝结网、群集网下取食的习性，通常聚集在地表以下约5厘米的空间内危害。

自然界中的韭菜迟眼蕈蚊成虫

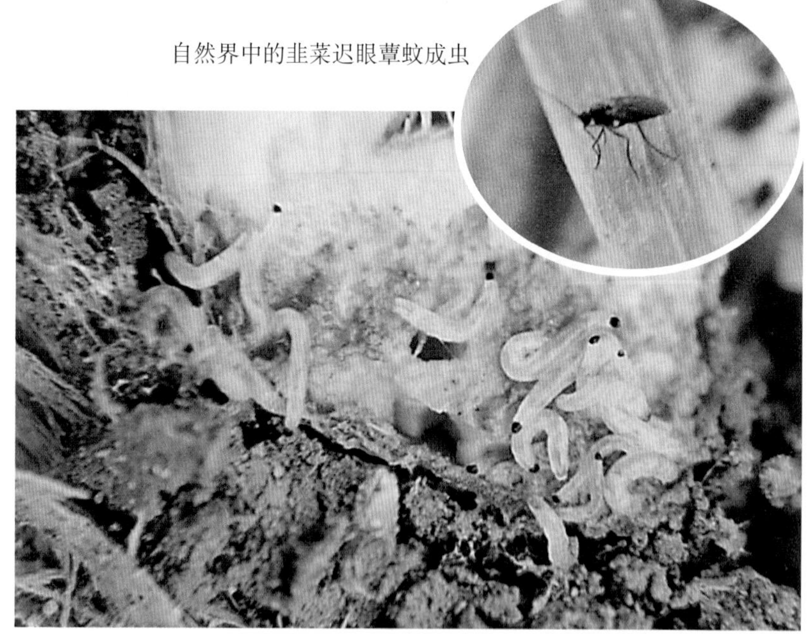

危害中的韭菜迟眼蕈蚊幼虫（郑建秋 摄）

4.防控技术

（1）农业防治：

①栽种抗性品种：根据韭蛆发生的严重程度，选择适宜当地栽种的抗性韭菜品种。

②科学空田，合理轮作：前茬种植过百合科植物的田块，尽量不要种植韭菜。如果条件允许，可以空田1年再种植韭菜。或者实行水旱轮作，种植水生植物。或者与玉米、豇豆、花生、辣椒等轮作，可以有效减轻韭蛆的危害。

③合理施肥，增施草木灰：科学合理施肥，提倡撒施充分腐熟的有机肥，增施磷肥和钾肥。韭菜收割后，可以在田面上撒施一层草木灰，阻止韭蛆成虫产卵。

④适时清园，合理浇“两水”：韭菜收割后，及时清理田间和路边的残渣落叶、杂草等，集中运输至田外覆膜沤肥或销毁。冬季在田间浇灌5～10厘米的封冻水。春季土壤解冻但韭菜未萌发时，结合浅耕松土露出鳞茎晾晒1周，待韭蛆化蛹高峰期，再对田间进行灌溉，可有效降低韭蛆基数。

（2）生物防治：

①昆虫病原线虫：通常选择阴雨天气或早晚阳光较弱时施用昆虫病原线虫。春季和秋季，当地温在15～25℃时，每亩韭菜田块投放1.0亿条左右昆虫病原线虫。可以将昆虫病原线虫溶于100升水中配成母液，喷淋在韭菜根部，再对韭菜田块进行灌溉。

②微生物制剂：通常在春季和秋季韭蛆幼虫龄期较低时，选择阴雨天气或早晚阳光较弱时施用微生物制剂。每亩选用200亿孢子/克球孢白僵菌可分散油悬浮剂400～500毫升，或者

2亿孢子/克金龟子绿僵菌421颗粒剂4 ~ 6千克与细土混匀后撒施在韭菜基部。

韭菜长势与韭蛆调查（对照）

韭菜长势与韭蛆调查（生物防治）

(3)物理防治:

①日晒高温覆膜法:该技术的原理是利用韭蛆不耐高温的特点,选择太阳光照强烈的天气,在田块表面铺上一层保温膜,待膜下土壤温度升高至韭蛆的致死温度则可将其杀死。具体操作步骤如下:

第一步:割除韭菜。覆膜前割除韭菜,茬口尽量与地面持平。

第二步:看天气覆膜压土。选择太阳光照强烈的天气(当日最高太阳光照强度超过55 000勒克斯),在地表铺上一层厚度为0.10毫米左右的浅蓝色流滴膜。膜四周用土壤压盖严实。膜的面积一定要大于田块面积,四周尽量超出田块边缘40 ~ 50厘米。

第三步:去土揭膜。待膜下地表5厘米深处温度达到40℃以上(不得超过53℃)且持续超过4小时即可揭膜。若覆膜后天气突然转阴,或者土壤温度不足以杀死韭蛆,则可以延长覆膜时间,直到韭蛆死亡为止。

第四步:浇水灌溉。揭膜后,待土壤温度降低后浇水缓苗。

日晒高温覆膜法操作示意图

日晒高温覆膜法的覆膜过程

日晒高温覆膜法杀灭韭蛆效果

日晒高温覆膜法杀灭蜗牛效果

日晒高温覆膜法处理后韭菜长势对比

②粘虫板诱杀：韭蛆成虫发生期，在每亩韭菜田块悬挂15～40块黑色粘虫板（20厘米×30厘米），板底离地面10厘米左右。

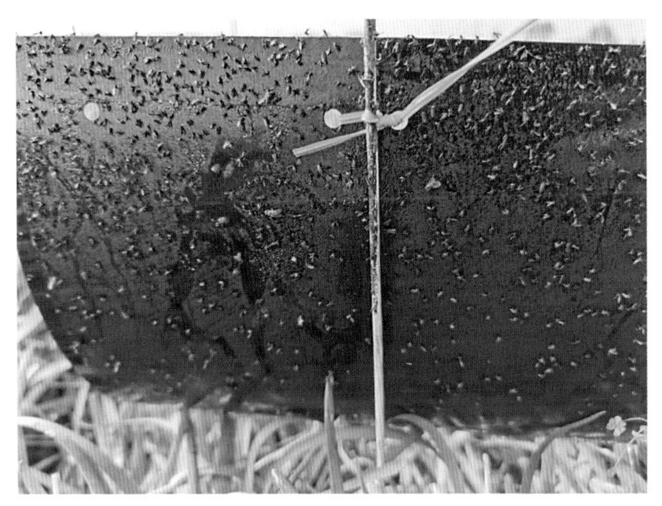

悬挂黑色粘虫板诱杀韭蛆成虫

③浇灌臭氧水：韭菜收割后，在封闭环境（可以覆膜）下浇灌20～30毫克/升的臭氧水。切忌在韭菜生长期浇灌。

（4）科学用药：

①药剂选择：每亩选用50克/升氟啶脲乳油200～300毫升、25%噻虫嗪水分散粒剂180～240克、0.5%苦参碱水剂1 000～2 000毫升、10%噻虫胺悬浮剂225～250毫升、10%吡虫啉可湿性粉剂200～300克等防治韭蛆，最好在低龄幼虫期（三龄前）使用。

②施药方法：将推荐的药剂配成100升母液装入喷雾器桶中，拧下喷头，对准韭菜基部逐株喷淋，待药剂稳定后向田间浇水，水面升至5厘米左右时停止浇灌。

定点喷淋

③养根期施药：选择在休割期灌药防治韭蛆。如果打算在春季或秋季收割韭菜，可以选择春季或秋季最后一茬韭菜收割后施药，以防治夏季或冬季的韭蛆，即“休割期治蛆”。

第二节　葱蓟马

危害韭菜的蓟马有葱蓟马［*Thrips alliorum*（Priesner）］、西花蓟马［*Frankliniella occidentalis*（Pergande）］等，都属缨翅目蓟马科。葱蓟马是危害韭菜的优势种群，又称烟蓟马、棉蓟马。葱蓟马还危害烟草、棉花、大葱、马铃薯以及桑、桃、梨、杏、枣等作物，主要分布在北京、河北、山东、广东、贵州、江苏、陕西、宁夏、新疆、西藏、内蒙古、浙江等地。

1.形态特征

葱蓟马属于过渐变态昆虫，一生经历卵、若虫、伪蛹和成虫4个阶段。成虫体长1.0 ～ 1.3毫米，身体黄褐色。前胸背板两侧后端各有1对粗而长的鬃。翅透明，较狭长。腹部第二至八节背面各有1条栗色横纹。卵长约0.12毫米，黄绿色，肾形。若虫的形态与成虫相似，共4龄。一龄若虫体长约0.37毫米，白色透明；二龄若虫体长0.9毫米，浅黄色至深黄色；三龄若虫（前蛹）和四龄若虫（伪蛹）与二龄若虫相似，但不活动，有明显的翅芽。

葱蓟马在田间的形态

2.危害症状

葱蓟马成虫和若虫危害症状相同，其危害韭菜叶片或花序，在叶片上形成针刺状零星白点，或连片的银白色斑点。被害严重时，韭菜叶片扭曲变黄、枯萎，影响品质和产量。

葱蓟马危害后叶部产生零星小白点或成片白斑

葱蓟马严重危害后韭菜叶部枯萎

3.发生规律与习性

气候条件适宜时，葱蓟马每年可发生6 ~ 10代，具有严重的世代重叠现象。葱蓟马主要以成虫和若虫藏匿在土缝、枯枝落叶，以及未收获的大葱、大蒜或韭菜基部的叶鞘内越冬。雌虫将产卵器插入叶肉组织内产卵，每头雌虫一生的产卵数量多达几十粒甚至近百粒。雌虫具有孤雌生殖现象。

葱蓟马卵期为6 ~ 7天，初孵若虫具有群集危害的特性，随着虫龄增长再分散危害。若虫三龄期为前蛹，前蛹期约2天，伪蛹期约6天，整个蛹期在土壤或枯枝落叶内度过。葱蓟马较耐低温，但不耐高温。当气温范围为23 ~ 28℃，相对湿度为40% ~ 70%时，属葱蓟马的最适发育条件。倘若遇到雨水冲刷或浸泡，葱蓟马将会大量死亡。葱蓟马成虫能飞善跳，若借助风力可以远距离迁飞。葱蓟马怕强光，晴朗的白天喜欢藏匿在叶片背面或叶腋间取食危害，阴天可以全天在叶片正、反面活动危害。葱蓟马对白色、蓝色具有强烈的趋性，同时具有趋嫩危害的特性。

4.防控技术

（1）农业防治：因地制宜选择抗性较强的韭菜品种，并选择与非百合科植物轮作。对种植或移栽田块进行残体清理，彻底清除田间枯枝落叶，施撒充分腐熟的有机肥和适量的复合肥作基肥，然后进行土壤深耕（不浅于30厘米）、浇水晾晒，再翻耕细碎。

韭菜生长期追施磷肥和钾肥，增强植株抵抗力。加强中耕管理，适当增加浇水次数，以恶化蓟马的生存环境。

（2）**生物防治**：在自然界中，蓟马的天敌种类很多，包括小花蝽、猎蝽、捕食螨、寄生蜂和病原微生物等。因此，防治韭菜害虫时尽量选择生物农药或对天敌昆虫低毒的农药，减少对天敌的伤害。同时，也可人为释放天敌防控蓟马。

（3）**物理防治**：利用蓟马对蓝色的趋性，在韭菜田悬挂蓝色粘虫板监测或诱杀蓟马，每亩悬挂15～40块色板，板底离地面40厘米左右。

悬挂蓝色粘虫板诱杀蓟马

（4）**科学用药**：

①药剂选择：当田间百株韭菜叶片上的蓟马数量达50～100头时，立即施药。可以选用10%高效氯氰菊酯乳油3 000倍液，或25%噻虫嗪水分散粒剂2 000倍液等喷雾，配药时适

量加入中性洗衣粉或1%洗涤灵，以增强药液的黏附性和展布性。

②注意事项：根据蓟马昼伏夜出的特性，尽量下午4时过后施药或早晨8时前施药。由于蓟马隐蔽性强，尽量选择内吸性较强的药剂，或者添加有机硅助剂。若在棚内施药，可以采用熏蒸与叶面喷雾相结合的施药方法。

第三节　葱须鳞蛾

葱须鳞蛾（*Acrolepia alliella* Semenov et Kuznetzov）又称葱小蛾、韭菜蛾等，属鳞翅目菜蛾科。可危害韭菜、大葱、洋葱等百合科蔬菜，主要分布在北京、山东、天津、河北、河南、甘肃、浙江、安徽、山西、辽宁、宁夏等地。

1.形态特征

葱须鳞蛾是全变态昆虫，一生经历4个虫态（成虫、卵、幼虫和蛹）。成虫体长4 ~ 4.5毫米，体黑褐色，触角呈丝状，长度超过体长的一半。前翅黄褐色至黑褐色，静息时前翅合拢形成一个菱形的白斑。前翅有5条不明显的浅褐色斜纹，近外缘有一处深色三角形区域。后翅深灰色。卵呈椭圆形，初产时为乳白色，随后逐渐变成浅褐色。幼虫身体细长呈圆筒形，老熟幼虫体长约8毫米，头浅褐色，虫体呈黄绿或绿色，各体节有稀疏的毛。蛹长6毫米左右，呈纺锤形，老熟时深褐色，外被白色丝状网茧。

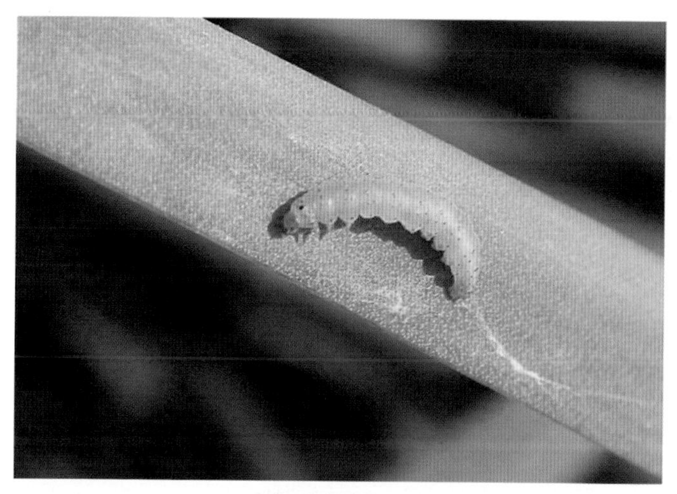

葱须鳞蛾幼虫

葱须鳞蛾蛹

2.危害症状

幼虫钻入韭菜叶内蛀食，将叶片咬成纵沟。随着虫龄增大，幼虫向基部转移，进入叶基部分叉处向下蛀食茎部，形成薄膜

葱须鳞蛾危害状

状白色斑块。透过韭菜表皮可以看到幼虫，韭菜叶片上有椭圆形小孔。叶基部分叉处常常堆积大量的绿色粪便，受害的韭菜心叶发黄，分叉处易折断，叶片腐烂或干枯。

3.发生规律与习性

气候条件适宜时，葱须鳞蛾每年发生5～6代，具有严重的世代重叠现象。成虫在5月上旬开始活动。幼虫在5月下旬开始危害,6月前危害较轻,6月后逐渐加重，从春季到秋季均可危害。8—9月危害最重，其危害现象可持续至10月上中旬。末代幼虫9月下旬开始化蛹，10月上中旬陆续羽化为成虫，并在田间韭菜枯叶或杂草丛间越冬。翌年3月中下旬，待温度约18℃时开始活动。多年生老根韭菜田和夏季疏于管理的田块发生较重，高温干旱的气候条件有利于葱须鳞蛾发生。

幼虫爬行快，受惊时有吐丝下垂的习性。成虫喜欢在夜间羽化，午夜时最活跃，对黑光灯有很强的趋性。成虫羽化后3～5天开始产卵，单雌产卵约150粒，卵期5～7天，幼虫期7～11天，蛹期8～10天，成虫期10～20天，整个世代25～48天。成虫羽化后需要补充营养才能交尾产卵，卵散产于韭菜叶部。幼虫孵化后潜入韭菜心叶取食叶肉，二龄后再沿心叶向下蛀食韭菜茎。

4.防控技术

(1) 农业防治：因地制宜选择抗（耐）虫性较好的品种，加强栽培管理，培育壮苗。种植韭菜前，土壤要深耕细碎超过30厘米，并建好排水防涝沟渠。合理施用充分腐熟的有机肥和复合肥，多施磷肥和钾肥。夏季和秋季要加强田间管理，防止韭菜田草荒。韭菜收割后，要及时清洁田园。秋末时节要注重植株和田边杂草残体的清理，减少越冬虫源。

（2）物理防治：成虫羽化期，在连片种植的韭菜田悬挂频振式杀虫灯，每1 ～ 2公顷挂灯1盏，或采用糖醋酒液诱杀，或采用黑色粘虫板+性诱剂联合诱杀。在新种植的韭菜地可覆盖防虫网，防止葱须鳞蛾成虫侵入。

（3）科学用药：

①药剂选择：成虫盛发和幼虫危害期，分别采用80%敌百虫可湿性粉剂800倍液、50%辛硫磷乳油1 500倍液、2.5%溴氰菊酯乳油3 000倍液、20%氰戊菊酯乳油3 000倍液等药剂喷雾防治。

幼虫发生期，可选用4.5%高效氯氰菊酯乳油2 000 ～ 3 000倍液、3%甲氨基阿维菌素苯甲酸盐微乳剂2 000倍液、0.5%苦参碱水剂400 ～ 600倍液、1%阿维菌素乳油2 500倍液、苏云金杆菌（Bt制剂）1 000倍液或25%灭幼脲悬浮剂2 000 ～ 3 000倍液等药剂喷雾防治。

②注意事项：根据葱须鳞蛾产卵规律及幼虫危害特点，在成虫高峰期3 ～ 5天后开始防治。尤其要注重夏季养根期韭菜葱须鳞蛾的防治。选择不同作用机理的药剂，避免产生交互抗性。严格掌握施药量、施药时间和药剂安全间隔期等，不要随意加大药剂使用量。严禁使用高毒、高残留的农药。

第四节 韭　　蚜

韭蚜（*Neotoxoptera formosana* Takahashi）又称葱蚜、台湾韭蚜，属半翅目蚜科。主要危害韭菜、野葱、大葱和洋葱等百合科蔬菜，分布在北京、四川、云南、山西、山东、河北、贵州、天津、台湾等地。

1.形态特征

韭蚜包括无翅型和有翅型。在田间条件适宜时，韭蚜通常是无翅型、孤雌生殖。韭蚜成虫体长约2毫米，呈卵圆形，身体黑色或黑褐色，表面光亮。韭蚜的头部和前胸呈现黑色，中胸和后胸具有黑缘斑，腹部微现瓦纹，腹管花瓶状。韭蚜的触角细长，约2.2毫米，有瓦纹。幼蚜与成蚜的体型相似。

韭　蚜

2.危害症状

韭蚜主要以成虫和若虫吸取韭菜汁液，并以虫体及其分泌物污染韭菜植株。初期集中在植株分蘖处，虫量密度过大时布满全株。韭菜被害后，轻则使其叶片变畸，植株早衰，严重时可导致韭丛枯黄萎蔫，成片倒伏。

韭蚜危害状

3.发生规律与习性

露天种植的韭菜很少发生韭蚜。大棚种植的韭菜，若管理不善容易被韭蚜危害，通常以春季和秋季受害最重。植株上的若虫密度过大时，有些蚜虫个体发育成有翅型，转移到新寄主上形成新的后代种群。

韭蚜繁殖能力很强，全年以孤雌生殖为主。深秋季节，在光周期和温度的驱动下，雌性个体开始产生少量的雄性后代，待发育成熟后，雌、雄后代交尾产生越冬卵，卵孵化出雌性若蚜，在气候条件适宜时转迁到韭菜上危害。适宜的气候条件下，韭蚜一年可以繁殖10～30代，世代重叠现象非常严重。在气温较低的早春和晚秋，韭蚜完成一个世代需要10天左右，在气温较高的夏季，完成一个世代只需要4～5天。环境温度为16～22℃时最适合韭蚜繁殖。韭菜植株密度过大，或环境干旱时有利于韭蚜危害。

4.防控技术

（1）**农业防治**：因地制宜选择合适的抗性品种。韭菜收割后，及时清洁田园，将杂草和韭菜残体运出棚室集中销毁。加强中耕，及时浇水，避免土地过干或过湿。

（2）**生物防治**：在自然界中，韭蚜的天敌种类很多，有瓢虫、食蚜蝇、寄生蜂、食蚜瘿蚊、小花蝽、蟹蛛、草蛉、蚜霉菌等。生产上可以在韭菜周边种植蜜源作物吸引天敌昆虫，也可以人为适当释放一些蚜虫的天敌。

（3）**物理防治**：在棚室两端的风口处设置30～40目*防虫网，防止有翅蚜飞入。韭菜田间悬挂黄色粘虫板，板底距离地面40厘米左右为宜。栽种韭菜时，可以在田间铺设银灰色反光塑料薄膜。

防虫网隔离韭蚜

（4）**科学用药**：

①药剂选择：蚜虫发生期，采用4.5%高效氯氰菊酯乳油2 000倍液、0.3%苦参碱水剂1 000倍液、10%吡虫啉可湿性粉剂2 000倍液、50%辛硫磷乳油1 000倍液等药剂喷施防治。

②注意事项：点片发生时立即用药，严重发生时应尽快收割韭菜。科学选择高效、低毒、低残留的药剂。轮换使用不同作用机理的农药，并严格遵守用药剂量、用药方法和安全间隔期的规定。

---

* 目为非法定计量单位，30～40目对应的孔径约为0.44～0.61毫米。

第五节 韭萤叶甲

韭萤叶甲（*Galeruca reichardti* Jacobson）属鞘翅目叶甲科，别名愈纹萤叶甲和韭叶甲。主要分布在北京、河北、山东、四川、甘肃、辽宁、天津、河南等地，危害韭菜、大葱、大蒜、洋葱、白菜等寄主和杂草，是蔬菜生产上的重要害虫。

1.形态特征

韭萤叶甲是全变态昆虫，一生经历4个虫态（成虫、卵、幼虫和蛹）。成虫体长9 ~ 13毫米，宽5 ~ 8毫米，体呈椭圆形。触角呈丝状。头部和前胸背板的前缘内凹，呈深褐色至黑色，小盾片呈半圆形，带有刻点。鞘翅呈黄褐色，翅上有4条黑色的纵隆线，清晰可见，近外缘有2条不明显的纵隆线。后翅膜质，较大。足呈黑色，有光泽。卵呈椭圆形，直径约1.5毫米。卵聚产，初产时呈黄色，四周包裹分泌物，随后逐渐变成黑褐色，具网状花纹。老熟幼虫体长约16毫米，近似纺锤形，身体背面呈黑褐色，腹部略弯曲，头部和足呈漆黑色，有光泽。胸部3节，各具1对足，腹部10节，背面可见9节，身体各节的背面有

韭萤叶甲成虫

黑色毛瘤突起，每个毛瘤上附着数根灰白色的短毛。蛹长6～9毫米，离蛹，呈浅黄色，后胸背板的中央有1条纵沟。身体外围有一层浅黄色网状的薄丝茧。

韭萤叶甲幼虫

韭萤叶甲蛹

2.危害症状

韭萤叶甲以成虫和幼虫啃食韭菜叶片、假茎等部位，形成不规则的缺刻。危害严重时，甚至可以啃光整株韭菜，导致植株死亡。幼虫食量大于成虫，排出大量粪便污染植株，影响韭菜商品价值。

韭萤叶甲危害后整株韭菜死亡

韭萤叶甲危害状

3.发生规律与习性

韭萤叶甲每年发生1代。通常情况下，4—6月是韭萤叶甲危害高峰期。春季韭菜生长期，田间出现韭萤叶甲幼虫危害。当早晚气温较低时，幼虫蛰伏在韭菜根部的土表或土缝中，待气温回升后，又爬到韭菜叶部危害。

韭萤叶甲的活动能力很强，成虫和幼虫均有聚集危害的特性。幼虫在三至四龄时食量很大，2 ~ 3天内可以吃光局部的韭菜，并转移危害其他植株，造成韭菜大面积受损。从5月上旬开始，老熟幼虫入土或在植株残体下吐丝结网，形成薄茧，并在茧中化蛹。通常情况下，5月中旬是化蛹高峰期，5月下旬陆续羽化为成虫，6月中下旬以成虫在土壤中越夏。成虫无明显假死性，但幼虫有假死性，受惊后蜷缩坠地，分泌出黄色液体。

4.防控技术

（1）农业防治：不与韭菜、大葱、蒜等作物连作。种植前，土壤深翻细碎、中耕锄草，可以杀死部分虫体。合理施肥，多施腐熟的有机肥。韭菜收割后，及时清理田间残渣，尤其是田块周边的杂草，恶化害虫越冬、越夏场所。利用幼虫的假死性，拨动植株使其坠地，结合中耕锄草杀死幼虫。

（2）物理防治：种植韭菜时，地面铺设塑料膜或地布，阻止成虫将卵产在韭菜根部。架设防虫网，阻隔韭萤叶甲成虫迁入危害韭菜。

（3）科学用药：

①药剂选择：早春季节，采用50%辛硫磷乳油1 000倍液浇

灌，杀死越冬虫源。幼虫、成虫发生期，可采用50%辛硫磷乳油1 000倍液，或者1%苦参碱可溶液剂500倍液，或者10%高效氯氰菊酯乳油2 000倍液等药剂喷雾防治。

②注意事项：重点防治低龄幼虫，严重发生时应尽快收割韭菜。选用低毒、高效、低残留农药，轮换使用不同作用机理的农药，并严格掌握药剂使用安全间隔期的规定。

第六节　葱黄寡毛跳甲

葱黄寡毛跳甲（*Luperomorpha suturalis* Chen）属鞘翅目叶甲科。主要分布在吉林、北京、河北、山东、内蒙古、湖北、山西、江苏、安徽等地，危害韭菜、大葱、大蒜、洋葱、白菜等寄主作物和杂草，是蔬菜生产上的重要害虫。

1.形态特征

葱黄寡毛跳甲是全变态昆虫，一生经历4个虫态（成虫、卵、幼虫和蛹）。成虫体长3.3 ~ 4.2毫米，长椭圆形，体色多棕色，但差异较大。触角呈丝状，头部呈黑色，中后胸腹面呈黑色，头部和背面具有皮革状皱纹。前胸背板上有许多小刻点，中胸背板两侧各具1个浅凹陷。鞘翅两侧平行。卵呈椭圆形，表面较粗糙，长0.55 ~ 0.69毫米，初产时呈乳白色，随后逐渐变成浅黄色。幼虫长1 ~ 10毫米，初孵时呈现乳白色，后逐渐变成黄白色，略横扁。幼虫的头部呈现黄褐色，头上具有黑色弧形斑，胸部3节，腹部8节，中胸和腹部各节侧生环状气门1对，腹部各节有1对突起。蛹呈现浅黄色，长3.5 ~ 4.5毫米，裸蛹。

葱黄寡毛跳甲成虫

2.危害症状

成虫和幼虫都能危害韭菜。成虫喜欢取食嫩绿的韭叶，形成不规则的缺刻。成虫的粪便呈黑色小点附着在韭菜叶片上，影响商品价值。幼虫生活在土壤中危害根部，造成根部断裂，引起根部腐烂，致地上部叶枯黄、凋萎。

葱黄寡毛跳甲成虫危害状

3.发生规律与习性

在我国北方，葱黄寡毛跳甲每年发生2代，以幼虫在韭菜根部周围的土壤中越冬。翌年3月上旬气温上升，幼虫开始活动危害，5月上旬逐渐开始化蛹，虽然每年出现两次化蛹高峰，但以5月的蛹量最多。5月中旬初现成虫，6月中旬至7月为成虫发生高峰期，可以一直延续到11月中旬。成虫交配后产卵，卵多散产在韭菜根际附近的土壤中。6月第一代幼虫蛀食危害，幼虫的龄期不整齐。春季幼虫量最大。

成虫羽化与环境温湿度密切相关。温度过高过低、土壤相对湿度过高过低都不利于葱黄寡毛跳甲发育。通常情况下，降水或灌溉后2～3天出现大量成虫，遇到干旱环境则羽化推迟。成虫具有假死性和趋光性，活跃善跳，可以短距离飞翔。

4.防控技术

（1）农业防治：农业防治方法与韭萤叶甲类似，详见韭萤叶甲。

（2）物理防治：在地面铺设塑料膜或地布阻止成虫产卵，也可架设防虫网阻隔成虫进入韭菜地产卵或危害。同时，也可在田间悬挂黄色粘虫板或黑光灯诱杀，每亩挂板20～40块，每1～2公顷挂灯1盏。

（3）科学用药：防治方法和注意事项详见韭萤叶甲。

第三部分

韭菜健康栽培与病虫害全程绿色防控技术方案

第一节　韭菜健康栽培与管理

1.品种选择

因地制宜选择适合当地种植的韭菜品种，最好能够兼顾抗病虫、耐热耐寒、分蘖性强和品质良好的优点。在保护地尽量选择休眠期较短的品种。

2.栽种环境

尽量选择地势较为平坦，排水灌溉条件方便，土壤耕层相对深厚，而且保水保肥效果良好的田块种植韭菜。选择3年内未种植葱、蒜、韭菜等百合科作物的田块种植韭菜。

3.田间生产管理

（1）**种子播期**：通常情况下，春季播种期选择在3—4月，秋季播种期选择在9—11月。具体的播期要根据当地的气候条件而定。

（2）育苗管理：

①用种量：通常情况下，每亩苗床播种4 ～ 5千克韭菜种子，待韭苗长大后可供10倍苗床面积的定植田块种植。

②种子播前处理：种子的播种方式不限，根据当地的种植习惯进行，既可以干播，也可以催芽后再播。如果计划催芽后再播种，可以将干种子倒在55℃温水中搅拌，待水温降至25℃左右时，清除漂浮在水面上的残渣，再将种子浸泡12小时后捞出沥干，并用湿纱布包好放在室温条件下保湿催芽，待80%的种子露白后即可播种。

③播种前苗床准备：播种前，苗床上施撒充足的有机肥，提高土壤有机质含量和理化性质。同时，适当施用复合肥，再对土壤进行深耕细碎。例如，每亩苗床可以施入腐熟的有机肥5 000千克和复合肥20千克，翻耕（土壤深度不低于30厘米）细耙后作畦。畦宽约1.5米，畦长因需要而定。具体施肥量可根据土壤肥力而定，最好选择沙质壤土作为苗床。播种前先浇透苗床水。如为前一年空闲的苗床，可以选择4—9月的晴朗天气在空闲苗床上覆盖一层保温无滴膜。若不急于播种，可以一直覆膜至播种前。

④播种：收集见干见湿的细沙，将3倍左右的细沙与干种或催芽种混匀，再均匀地撒播在苗床上，然后再在苗床上覆盖厚度约2厘米的细土。播种后保持苗床湿润，适时补充苗床水，但禁忌大水漫灌或水浸。

⑤苗期管理：如果突然遇到高温天气（超过30℃），可以在苗床的上方支起一张遮阳网，网高2米左右。同时，保持苗

床湿润，待韭苗出齐后，苗床要勤浇水，但浇水方式要轻，可以采用喷浇或喷雾的方式，避免土面板结。当韭苗高达10厘米左右，或长出1 ~ 2片真叶时，随水追肥，每亩追施12千克复合肥；待韭苗高达15厘米后，控制浇水次数，防止韭苗倒伏。

随水施肥

（3）韭苗定植：

①定植前田块准备：定植田块的处理方式可以参照苗床。先清理定植田块及周边杂草与残渣，运出田块集中堆放覆膜沤肥。每亩再施撒2 000千克左右腐熟的有机肥和30千克左右的复合肥，再深耕（土壤深度不低于30厘米）细碎土壤。定植前，选择4—9月太阳光照强烈的天气，在田块表面覆盖一层保温流滴膜，四周用土壤压盖严实，直到定植前揭膜、细碎土壤、作畦定植。根据当地习惯或条件设施合理安排畦向和畦宽。

②定植时期：通常情况下，春播苗在夏至后定植；秋播苗在翌年清明前后定植。待苗高约20厘米，或苗时100天左右，或长出5 ~ 6片叶时开始定植移栽。移栽时，要避开高温多雨的7—8月，同时尽量选择阴天或下午4时之后。

③定植方法：定植前，提前2～3天在苗床上浇透水，方便起苗。起苗后，将韭菜苗的须根和叶部进行修剪后移栽。定植田的行距、行宽和长度按当地栽种习惯或设施而定，通常情况下，行距25～30厘米，穴距约15厘米，每穴10株左右，穴深以刚好埋住韭菜分蘖节为宜。

④田间管理：

A.定植当年的管理

定植后保持田块湿润，韭菜缓苗期及时补充水分。待韭菜长出新叶后，对土壤进行浅耕蹲苗，并保持土壤见干见湿。在夏季高温多雨的季节，注意排水防涝，避免疫病等病害发生。8月下旬以后，每隔10天浇水1次，并随水追施2～3次复合肥，每次每亩施肥约10千克。10月上旬后控制浇水量，但在土壤封冻之前可以浇灌一次上冻水，并在行间铺施充分腐熟的有机肥保温过冬，每亩施有机肥约2 000千克。

B.定植第二年及以后的管理

a.露地栽培管理

翌年春季要及时清理韭菜田及周边的枯叶杂草，运出田外集中销毁或覆膜沤肥。待韭菜萌芽后进行中耕松土并培土。待韭菜返青时浇灌返青水。夏季减少灌溉，但要及时清除田间或田块周边的杂草，大雨过后要及时排水防涝，避免韭菜疫病蔓延传播。同时，如果夏季养根期的韭菜不进行收割，可以及时摘除韭薹，减少韭菜养分消耗，并在田间搭架扶叶，防止韭菜倒伏。

b.保护地栽培管理

翌年11月下旬，韭菜进入休眠期后要及时清扫田间的枯叶残渣，并浅耕松土、扣棚浇水。冬季要加强韭菜防寒保温，适时揭盖草苫，阴雪天及时清除积雪，使白天温度保持在20～25℃，夜间温度保持在8～12℃。扣棚初期不得开窗放风，待韭菜生长至中后期，如果棚内温度达到30℃及以上，要及时打开“天窗”放风，尽量不要侧面通风，避免韭菜遭受“扫地风”。随着韭菜生长，后期若温度回升要适时撤去草苫和薄膜。

C.收割管理

选择晴天或阴天的清晨收割韭菜。收割时刀口尽量平齐地面，而且切口要整齐。收割后2～3天，待韭菜切口愈合后锄松根际附近的土壤，并随水追肥，每亩施用复合肥20千克。通常情况下，韭菜连续收获3茬后进入不低于60天的养根期，让叶部营养回流。

第二节　韭菜病虫害综合防控技术方案

韭菜的栽种模式因地域而异。不同地域的环境和韭农的习惯决定了韭菜栽培模式的差异。韭菜的栽种模式按大类可分为“露地栽培”和“保护地栽培”两种。不同栽培模式在不同季节发生的病虫害也不相同，因此，采用的防治手段也不相同。具体方案如下：

韭菜育苗期土壤常见病虫害绿色防控技术方案

时期	病虫种类	防治方法	备注
育苗或定植前	土壤中藏匿的病虫	主要步骤如下： ①清理田园，除去田面枯枝落叶并运出田外覆膜沤肥或集中销毁； ②施撒充分腐熟的有机肥，合理施用复合肥； ③深耕细碎土壤（超过30厘米）； ④采用日晒高温覆膜法，连续覆膜至少1周； ⑤揭膜后，再翻耕、细碎、做垄，建好排水沟渠	选择太阳光强烈的天气。若不急于种植，可以覆膜多日
育苗期	韭蛆	每亩用70%辛硫磷乳油350～570毫升灌根	很少发生
	蓟马	每亩用25%噻虫嗪水分散粒剂10～15克兑水喷雾	阴天或傍晚施药
移栽期	韭蛆	用10%噻虫胺悬浮剂2 000倍液浸苗3～5秒，取出晾干后移栽	阴雨天或傍晚移栽
	蓟马	每亩用25%噻虫嗪水分散粒剂10～15克兑水喷雾，再用剪刀剪掉绿叶移栽	阴雨天或傍晚移栽

露地韭菜常见病虫害绿色防控技术方案

时期	病虫种类	防治方法	安全间隔期（天）	备注
韭菜割除后	土壤中藏匿的病虫	采用日晒高温覆膜法	—	太阳光强烈的天气使用
幼苗期	韭蛆	每亩韭菜田块投放1亿条左右的昆虫病原线虫。另外悬挂黑色粘虫板	—	阴雨天气使用
	蓟马	每亩用25%噻虫嗪水分散粒剂10～15克兑水喷雾。另外在田间悬挂蓝色粘虫板	14	阴天或傍晚施药

（续）

时期	病虫种类	防治方法	安全间隔期（天）	备注
幼苗期	葱须鳞蛾	每亩用3%甲氨基阿维菌素苯甲酸盐微乳剂10～13毫升兑水喷雾	14	低龄期施药
	韭萤叶甲	每亩用70%辛硫磷乳油350～570毫升兑水喷雾	14	低龄期施药
	灰霉病	每亩用20%嘧霉胺悬浮剂40～60克兑水喷雾	30	提早预防
	疫 病	每亩用10亿孢子/克木霉菌可湿性粉剂5 000克冲施	—	提早预防
成株期	韭 蛆	每亩用0.5%苦参碱水剂1 000～2 000毫升兑水喷淋后再浇水。另外在田间悬挂黑色粘虫板	—	低龄期施药
	蓟 马	每亩用25%噻虫嗪水分散粒剂10～15克兑水喷雾。另外在田间悬挂蓝色粘虫板	14	阴天或傍晚施药
	葱须鳞蛾	每亩用4.5%高效氯氰菊酯乳油30～50毫升兑水喷雾。另外在田间悬挂黑色粘虫板	10	低龄期施药
	韭萤叶甲	每亩用4.5%高效氯氰菊酯乳油10～20毫升兑水喷雾	10	低龄期施药
	蚜 虫	每亩用0.3%苦参碱水剂250～375毫升兑水喷雾。另外在田间悬挂黄色粘虫板	—	点片发生时立即用药
	灰霉病	直接收割	—	清理田间残渣
	疫 病	直接收割	—	清理田间残渣

保护地韭菜常见病虫害绿色防控技术方案

时期	病虫种类	防治方法	安全间隔期（天）	备注
韭菜割除后	土壤中藏匿的病虫	每亩浇灌5%氟铃脲乳油300 ~ 400毫升，再用100亿孢子/克枯草芽孢杆菌可湿性粉剂弥粉法施用	14	确保空间封闭
幼苗期	韭 蛆	每亩韭菜田块投放1亿条左右的昆虫病原线虫。另外在田间悬挂黑色粘虫板	—	阴雨天气使用
	蓟 马	每亩用25%噻虫嗪水分散粒剂10 ~ 15克兑水喷雾。另外悬挂蓝色粘虫板	14	阴天或傍晚施药
	葱须鳞蛾	每亩用3%甲氨基阿维菌素苯甲酸盐微乳剂10 ~ 13毫升兑水喷雾	14	低龄期施药
	韭萤叶甲	每亩用70%辛硫磷乳油350 ~ 570毫升兑水喷雾	14	低龄期施药
	灰霉病	每亩用100亿孢子/克枯草芽孢杆菌可湿性粉剂弥粉法施用	—	提早预防
	疫 病	每亩用10亿孢子/克木霉菌可湿性粉剂5 000克冲施	—	提早预防
成株期	韭 蛆	每亩用0.5%苦参碱水剂1 000 ~ 2 000毫升兑水喷淋后再浇水。另外在田间悬挂黑色粘虫板	—	低龄期施药
	蓟 马	每亩用25%噻虫嗪水分散粒剂10 ~ 15克兑水喷雾。另外悬挂蓝色粘虫板	14	阴天或傍晚施药
	葱须鳞蛾	每亩用4.5%高效氯氰菊酯乳油30 ~ 50毫升兑水喷雾。另外在田间悬挂黑色粘虫板	10	低龄期施药
	韭萤叶甲	每亩用4.5%高效氯氰菊酯乳油10 ~ 20毫升兑水喷雾	10	低龄期施药
	蚜 虫	每亩用0.3%苦参碱水剂250 ~ 375毫升兑水喷雾。另外在田间悬挂黄色粘虫板	—	点片发生时立即用药
成株期	灰霉病	直接收割	—	清理田间残渣
	疫 病	直接收割	—	清理田间残渣

主要参考文献

REFERENCES

白光瑛，马海鲲，王孝莹，等，2015. 利用昆虫病原线虫防治韭菜迟眼蕈蚊的研究进展. 中国植保导刊，35(4): 25-33.

党志红，董建臻，高占林，等，2001. 不同种植方式下韭菜迟眼蕈蚊发生为害规律的研究. 河北农业大学学报，24(4): 65-68.

杜中平，2002. 无公害韭菜保护地生产技术简易规程. 北方园艺 (6): 20.

洪大伟，范凡，李梦瑶，等，2019. 粘虫板在葱黄寡毛跳甲成虫种群监测上的应用. 植物保护学报，46(1): 249-250.

洪大伟，范凡，王忠燕，等，2017. 韭菜迟眼蕈蚊成虫种群监测方法的效果比较. 植物保护学报，44(5): 871-872.

胡彬，郑翔，师迎春，等，2013. 北京地区韭菜灰霉病全程绿色防控技术体系. 中国植保导刊，33(7): 27-29.

姜常松，姜兆伟，孙春竹，2010. 海阳市韭菜无公害生产技术操作规程. 山东农业科学，4: 103-104.

刘京涛，常雪梅，刘元宝，等，2010. 韭菜葱须鳞蛾的发生特点及综合治理对策. 中国植保导刊，30(7): 23-24.

李贤贤，马晓丹，薛明，等，2014. 噻虫胺等药剂对韭菜迟眼蕈蚊的致毒效应. 植物保护学报，41(2): 225-229.

林宝祥，陈立新，刘吉业，等，2014. 哈尔滨地区韭蛆发生规律研究. 黑龙江农业科学(3): 73-74.

石洁，魏学哲，袁云侠，等，2001. 韭菜疫病的发生与防治. 蔬菜(3): 24.

史彩华，2017. "日晒高温覆膜法"在韭蛆防治中的应用. 中国蔬菜(7): 90.

史彩华，胡静荣，李传仁，等，2016. 采用两种不同施药方法评价8种药剂对韭蛆的防治效果. 应用昆虫学报，53(6): 1225-1232.

史彩华，胡静荣，徐越强，等，2016. 臭氧水对韭蛆防治效果及韭菜种籽发芽生长的影响.昆虫学报, 59(12): 1354-1362.

史彩华，胡静荣，张友军, 2017. 高温对昆虫生殖生理的影响及其在农业害虫防治中的展望.中国植保导刊, 37(3):24-32.

史彩华，杨玉婷，韩昊霖，等, 2016. 北京地区韭菜迟眼蕈蚊种群动态及越夏越冬场所调查研究.应用昆虫学报, 53(6): 1174-1183.

单成海, 2011. 西昌市洋葱葱蓟马的为害特点与防治技术.长江蔬菜(20): 66-67.

苏东涛，薄晓峰，任庆亚，等, 2014. 晋南地区韭菜葱须鳞蛾的发生及防治技术.内蒙古农业科技(4): 52.

王丹，石朝鹏，李萍，等, 2021. 保护地韭菜灰霉病生物防治试验.中国蔬菜 (1): 84-88.

王洪涛，宋朝凤，王英姿, 2015. 韭菜迟眼蕈蚊成虫对不同颜色的趋性及黄色黏虫板的诱杀效果.江苏农业科学, 43(6): 133-134.

王承香，刘建平，刘振龙，等, 2014. 韭菜设施和露地栽培中韭蛆的发生和防治对策.北方园艺(22): 113-117.

吴玲杰, 2015. 韭蛆无公害综合防控技术.西北园艺(3): 44-45.

张鹏，王秋红，赵云贺，等, 2015. 韭菜迟眼蕈蚊对十三种蔬菜为害调查及趋性研究.应用昆虫学报, 52(3): 743-749.

赵然花, 2002. 韭菜疫病的综合防治技术.蔬菜(12): 31.

周利琳，司升云，王攀，等, 2020. 武汉百合科蔬菜新害虫——葱黄寡毛跳甲.长江蔬菜(21): 53-54.

Li W X, Yang Y T, Xie W, et al., 2015. Effects of temperature on the age-stage, two-sex life table of *Bradysia odoriphaga* (Diptera: Sciaridae). Journal of Economic Entomology, 108(1): 126-134.

Shi C H, Hu J R, Wei Q W, et al., 2018. Control of *Bradysia odoriphaga* (Diptera: Sciaridae) by soil solarization. Crop Protection, 114: 76-82.

Shi C H, Hu J R, Zhang Y J, 2020. The effects of temperature and humidity on a field population of *Bradysia odoriphaga* (Diptera: Sciaridae). Journal of Economic Entomology, 113(4): 1927-1932.

Shi C H, Zhang S, Hu J R, et al., 2020. Effects of non-lethal high-temperature stress on *Bradysia odoriphaga* (Diptera: Sciaridae) larval development and offspring. Insects, 11(159):1-12.

图书在版编目（CIP）数据

韭菜常见病虫害诊断与防控技术手册 / 史彩华，陈敏，吴青君主编．—北京：中国农业出版社，2022.6（2022.8 重印）
（“三棵菜”安全生产系列）
ISBN 978-7-109-29474-5

Ⅰ．①韭…　Ⅱ．①史…②陈…③吴…　Ⅲ．①韭菜-病虫害防治-手册　Ⅳ．①S436.33-62

中国版本图书馆CIP数据核字（2022）第091771号

中国农业出版社出版
地址：北京市朝阳区麦子店街18号楼
邮编：100125
责任编辑：阎莎莎
版式设计：王　晨　　责任校对：吴丽婷　　责任印制：王　宏
印刷：北京通州皇家印刷厂
版次：2022年6月第1版
印次：2022年8月北京第2次印刷
发行：新华书店北京发行所
开本：880mm×1230mm　1/32
印张：2.25
字数：50千字
定价：29.00元
